AF375845

LA QUESTION

DECIDÉE

SUR LE SUJET

DE

LA FIN DU SIECLE:

Si l'année 1700 est la derniere du dix-septiéme siecle, ou la premiere du dix-huit.

DEDIE'

A MONSIEUR LE COMTE D'AYEN,

Par Mr MALLEMENT DE MESSANGE.

Fallitque volubilis Ætas. Ovid. Met.

A PARIS,

De l'Imprimerie de JEAN MOREAU, ruë Galande, à l'Image Saint Jean l'Evangeliste.

M. DC. XCIX.

AVEC PERMISSION.

PREMIERE PARTIE.

SOLUTION DU PROBLEME

ARTICLE PREMIER.

Expofition du Sujet.

A Monfieur le Comte d'AYEN.

IL me femble, MONSIEUR, que ce n'eft pas en toutes rencontres la grande lecture ny le nombre de chofes apprifes, qui fait juger plus fainement. Il y a des matieres que la fcience démêle; il y en a d'autres qu'elle ne fait qu'embroüiller. Le fophifme conduit par la doctrine me paroît une des plus dangereufes peftes que la raifon puiffe craindre. La queftion propofée icy eft moins d'érudition que de fens commun. On demande fi l'année mil fept cent où nous fommes

A

prefts d'entrer , fera la derniere du fiecle . qui s'acheve , ou fi elle fera la premiere de celuy que nous allons commencer. L'on voit, MONSIEUR, à cette propofition, qu'il ne s'agit pas de découvrir par une fcrupuleufe recherche quand a commencé la fomme des années que nous appellons notre Ere : car s'il s'agiffoit de fçavoir quand cette Ere a commencé, la queftion ne feroit pas telle qu'on la fait , elle auroit plus d'étenduë ; il ne fuffiroit pas de demander fi l'an mil fept cent eft le dernier du dix-feptiéme fiecle, ou le premier du dix-huit. La demande ne feroit pas de la forte entierement comprife entre deux années, elle fe répandroit plus loin devant ou aprés, puifque l'on feroit incertain fi l'Ere * n'auroit pas commencé d'une telle Epoque, que l'an mil fept cent feroit non pas le dernier , mais peut-être l'avant-dernier , & mefme encore moins avancé dans le dix feptiéme fiecle , & pourroit auffi dans la même incertitude fe trouver non pas le premier, mais le fecond ou le troifiéme du dix-huit. On voit donc par la queftion même, que ce point de Chronologie n'eft pas ce que le Public defire

---

* Quelques-uns ont confondu mal-à-propos le mot d'Ere avec celuy d'Epoque, faifant fynonymes ces deux mots, entre lefquels cependant il y a cette difference, que l'un figni-fie le commencement de l'autre , c'eft-à-dire que l'Epoque eft le point par où commence une fuite d'années com-ptées de ce point, au lieu que l'Ere eft la fuite même & l'étenduë de ces années.

aujourd'huy qu'on luy démêle à l'occasion de la fin du siecle où il se trouve, puis qu'il ne demande autre chose que de sçavoir * si en quelque tems que notre Ere ait commencé, l'an que nous apellons mil sept cent, est le dernier du dix-septiéme siecle, c'est-à-dire de la dix-septiéme centaine d'années de cette Ere, ou le premier de la dix-huitiéme.

Sur cette exposition, MONSIEUR, qu'est-ce qu'un pareil doute semble vouloir autre chose pour son éclaircissement, que la simple justesse du goût, dont chacun doit être pourveu par la nature. Ce goût, comme vous sçavez, est un maître ingenieux qui nous instruit sans étude, & qui sçait nous rendre habiles, sans que nous ayons connu la peine de le devenir. Appuyé de son secours, le Païsan quelquefois fait la leçon au Docteur. Mais ce sens heureux, quelque commun qu'on l'appelle, est plus rare qu'on ne croit. La science, toute difficile qu'elle est, se trouve souvent plus frequente. Les grands hommes sont vrayement ceux en qui les deux sont unis, comme ils se rencontrent en vous,

* *In Ærâ Christianâ, quos annos Christi vocant, Latini omnes conveniunt. Quamvis enim de vero Natali Domini, hoc est anno quo reipsa natus est, magna sit inter eruditos Chronologos dissensio, omnes tamen annos Christi eodem modo computant, ut hic ipse quo hæc scribimus, sit 1632. ab qualicunque epocha & initio Christi, sive primus ære istius annus Natalem Christi revera proximè consecutus fuerit, sive ad illum minimè pertingat, quod nihil ad summam interest : nam nihilo secius annorum procedit numerus. Dion. Pet. Rat. temp. Part. 2, Lib. 1. cap. 4.*

Monsieur, qui avez pris un soin extrême de polir par les meilleures études le naturel le plus accompli. C'est aux esprits de cette sorte qu'il appartient d'être les Juges des questions & les arbitres des difficultez. Souffrez donc que celle-cy qui est du tems, & qui peut interesser toutes sortes de personnes, vienne enfin recevoir de vous une decision qu'elle a déja fait desirer aux personnes les plus illustres.

ARTICLE II.
Que cette question ne doit point être decidée par autorité.

LA matiere que je traite icy, n'est point une matiere neuve, & je ne sçay comment je me suis laissé engager à la toucher, la voyant si houspillée, pour parler ainsi, & si chifonnée par tant de mains par lesquelles elle a passé. C'est un effet de ma complaisance & de mon peu de force à resister aux prieres de mes amis. Je me verrois donc reduit à travailler sur un sujet dêja épuisé, si ceux qui l'ont traité avant moy, ne sembloient s'estre plus attachez à l'autorité qu'à la demonstration, qui cependant en fait de Probleme, est la seule decision que l'on doive recevoir. Comme cette affaire est une question de tems, ils en ont deferé le jugement souverain aux Chronologistes & aux Astronomes, sans considerer que ce Tribunal est tout au plus subalterne, d'où il teſte encore un appel à vuider à celuy de la Raiſon, ſeul capable de juger ces differends en derniere inſtance. En effet toutes les preuves que peut fournir l'autorité des uns & des autres ſont inutiles ſur ce point, parce qu'elles dépendent toutes de l'état où ils ſuppoſent la premiere année de l'Ere Chrétienne, par rapport à celuy de l'année que nous courons à preſent, eu égard au Biſſexte, ou à la Periode Julienne, ou enfin à la diſpoſition des Aſtres. Or l'état reciproque & comparatif de ces deux années à l'égard de toutes ces choſes, eſt different ſelon que vous donnez plus ou moins d'étenduë à l'Ere Chrétienne ; car ſi vous la faites d'un an plus longue ou d'un an plus courte, veritablement notre année courante ſera toûjours dans le même état par rapport à tout cela ; mais la premiere année ſe trouvant par cette diverſité plus ou moins avancée en remontant vers le commencement des tems, elle ſe trouvera auſſi ſelon cette difference répondre diverſement tant au Biſſexte qu'à la Periode Julienne, ou à la diſpoſition des Planetes. Quand on me raportera donc pour un parti, comme quelques-uns ont fait, les citations des Gautruches, des Beurriers, des Alexandres, & pour l'autre, comme ont fait auſſi pluſieurs, les ſupputations de differens Mathematiciens ; que fera-t-on autre choſe que de montrer hiſtoriquement que ce n'eſt pas d'aujourd'huy qu'on eſt partagé ſur ce ſujet, où les uns auſſi bien que les au-tres prétendent avoir la raiſon de leur cô-té. Ainſi les autoritez ne peuvent rien en ce lieu, à moins de vouloir ſupoſer de part ou d'autre, ſelon les differens calculs, ce qui eſt en queſtion, c'eſt-à-dire préten-dre que l'année mil ſept cent finit le dix-ſeptiéme ſiecle, & faire par conſequent notre Ere d'un an plus longue que ne fait le parti contraire, ou ſoûtenir qu'elle eſt la premiere du ſiecle ſuivant, & faire no-tre Ere d'un an plus courte que ne font ceux du ſentiment oppoſé, ce qui, com-me nous venons de dire, change entiere-ment l'état de la premiere année par rap-port à celle-cy à l'égard des choſes que nous avons raportées. Sur ce pied aprés toutes ces ſortes de ſolutions la même dif-ficulté reſte toûjours ; tellement que tou-tes les preuves qu'on prend peine à ra-maſſer de là, ne peuvent être enfin raiſo-nablement regardées que comme un docte verbiage & un ſcientifique fatras qui n'a-boutit à quoy que ce ſoit, ſi ce n'eſt peut-être à faire admirer au peuple des termes qu'il n'entend point. Ce n'eſt donc nulle-ment par ces voyes qu'on doit s'y pren-dre pour décider une queſtion dont l'é-clairciſſement ne ſe tire point de l'autori-té, mais de la raiſon ſur laquelle l'autorité eſt fondée. Ce n'eſt pas qu'il n'y ait dans le monde une autorité qui décide ; mais cette autorité, comme nous l'avons déja dit, eſt celle de la raiſon. Or la raiſon eſt de deux ſortes, évidente ou préſomptive. L'évidente eſt celle qui ſe découvre nuë à l'entendement, de maniere qu'il la voit ſans ombre & ſans voile ; la ſeconde eſt celle qui ne ſe montre que voilée, de ſorte qu'il l'apperçoit ſans la voir & la connoît ſans l'enviſager, ſçachant qu'elle eſt, ſans que cependant il ſçache quelle elle eſt. L'autorité de l'une ou de l'autre eſt la ſeule qui a droit de trancher les difficultez. La premiere décide legitimement par tout. La ſeconde peut être reſtreinte ſelon la ſource d'où elle ſe tire ; & comme elle peut émaner de trois origines, elle ſe partage auſſi en trois ſortet d'autoritez, toutes trois deciſives, mais chacune de differente nature & de differente étenduë, ſçavoir celle du pouvoir abſolu dans les affaires civiles, celle de l'Egliſe dans la Religion, celle de Dieu en toutes choſes. Hors de là qu'on ne me parle jamais d'autorité pour une deciſion ; Reſoudre un Problême par cette metho-de, eſt un abus qui n'a lieu que dans le College ; encore aujourd'huy commence-t-on de s'en moquer parmi les Novices mê-mes, chez qui cette conduite s'appelle par dériſion, jurer de ſuivre ſon maître. Je me revolte donc contre les autoritez, que je regarde en cette rencontre comme tyraniques & uſurpatrices. Et ne reconnoiſſant ſur un point comme celuy-cy nul autre maître des eſprits que la raiſon évidente, c'eſt à ſon aimable & legitime empire que je prétens ſeulement les aſſujetir.

ARTICLE III.

Divers ſentimens, & choix de l'Auteur touchant cette Queſtion.

C'Eſt aſſez de propoſer une queſtion pour partager les eſprits. Dés que l'on peut dire oüy & non, il s'en trouve qui diſent l'un, il s'en trouve qui diſent l'autre; il y en a même quelquefois qui diſent les deux, & quelquefois on en voit qui ne diſent ny l'un ny l'autre. Tout cela ſe rencontre icy. Pluſieurs tiennent que l'année mil ſept cent eſt la derniere du dix-ſeptiéme ſiecle, & ceux-là ſont le plus grand nombre. Pluſieurs au contraire aſſurent que non, mais qu'elle eſt la premiere du dix-huit. On a veu d'habiles gens dans ce ſentiment, juſqu'à le ſoûtenir par leurs écrits. Nous avons des Livres nouvellement imprimez qui font foy de ce que j'avance. Il peut s'en trouver auſſi qui donnent une diſtinction, & diſent que l'an 1700 eſt le dernier du dix-ſeptiéme ſiecle, ſi la premiere année de l'Ere entre en compte avec les autres, & le premier

du dix-huit, fi la premiere année de l'E-
re, comme quelques-uns l'ont voulu, trom-
pez par une équivoque, n'eft comptée
pour rien dans l'Ere. Cela s'appelle proprement dire oüy & non tout enfemble,
& tenir les deux opinions tout à la fois,
l'une en un fens, l'autre en l'autre. Mais
loin que ce foit refoudre la queftion, ce
n'eft pas même la reftraindre ; ce feroit
plûtôt la doubler. La matiere ne fouffre
point qu'on dife, les deux font bons ; elle
eft telle qu'il faut choifir, & fur ce doute déterminer nettement fi la premiere année doit être comptée. Il s'en trouve enfin qui ne difent ny oüy ny non, & qui
malgré le nom de fçavans qu'ils peuvent
d'ailleurs poffeder à jufte t're, ne laif-
fent pas de fe fervir en cette rencontre de
la grande folution banale de toutes les difficultez, qui eft le mot, je ne fçay ; c'eft
une réponfe qui s'eft faite encore depuis
peu par écrit fur ce fujet entre des perfonnes de lettres. Pour moy fans aller plus
loin, je me fuis rangé du premier avis, &
je me fuis mis dans le plus grand nombre, parce que j'ay crû y voir non-feulement le préjugé du bon choix, mais encore une fi entiere vray-femblance, que
je ne fçay fi on ne pourroit point tout-à-
fait l'appeller la verité. J'ay fait pour m'en
affurer les raifonnemens qui fuivent.

A v

ARTICLE IV.

Partage de la Question en deux manieres de compter.

DAns le calcul de l'Ere vulgaire il arrive de deux choses l'une, ou que
l'on comprend dans cette Ere tout ce qu'elle contient depuis son premier instant jusqu'à nous, ou qu'on en obmet quelque
partie. Si l'on en obmet une partie, on fait
un calcul faux & défectueux; d'où par consequent il ne peut suivre qu'une absurdi-
té: ainsi ce premier cas n'est pas receva-
ble. Si l'on compte dans l'Ere vulgaire tout
ce qu'elle contient depuis son premier instant jusqu'à nous, comme la raison le
veut, sans doute sa premiere année entre
en compte avec les autres, puisque sa premiere année suit son premier instant. Cela posé, voicy ce que j'en déduis.

Puisque la premiere année doit être comptée avec les autres, elle doit être comptée
de la même maniere que les autres, n'y
ayant point de différence entr'elles par raport au simple nombre, que la seule difference du rang. Or toutes les manieres de compter, quelles qu'elles puissent estre, sont con-
nuës sous l'une ou sous l'autre de ces deux
especes, par les nombres Cardinaux, ou
par les nombres Ordinaux. Compter par
les nombres Cardinaux, c'est dire un,
deux, trois, quatre, cinq, six, & ainsi
de suite, autant que l'on veut, marquant
par le premier mot une unité, & par cha-

cun des mots fuivans une fomme d'unitez. Compter par les nombres Ordinaux, c'eft dire premier, fecond, troifiéme, quatriéme, cinquiéme, fixiéme, & ainfi de fuite autant que l'on veut, marquant par le premier mot un raport d'ordre ou de rang d'une chofe avec une ou plufieurs chofes fuivantes, & par chacun des autres mots un raport d'ordre ou de rang d'une chofe avec une ou plufieurs chofes précedentes. Les nombres Ordinaux font ainfi nommez du mot latin *Ordo*, qui fignifie l'ordre & le rang, parce qu'ils fervent à le marquer, & les Cardinaux ont tiré leur nom du latin *Cardo*, qui fignifie gond, parce qu'ils font comme les appuis fur lefquels font foûtenus & roulent les Ordinaux; car il n'y a point de fecond qui ne fuppofe le nombre de deux, ny de troifiéme, de quatriéme, de cinquiéme, qui ne fuppofe les nombres de trois, de quatre, de cinq, & ainfi du refte. Toutes les manieres de compter fe raportant donc à l'une ou à l'autre de ces deux-là, comme nous venons de dire, les années ne peuvent être comptées que de l'une ou de l'autre de ces deux manieres. Ainfi la queftion fe reduit à confiderer ce qui peut, en comptant par chacune de ces deux manieres, arriver dans le fujet que nous traitons, d'où il naîtra un éclairciffement qui fera plus facilement connoître à quoy l'on doit s'en tenir. C'eft ce que nous allons voir dans les articles fuivans.

ARTICLE V.

Ce qui arrive sur ce point en comptant par les nombres Ordinaux.

SI l'on compte les années par les nombres Ordinaux, la premiere année de l'Ere, c'est-à-dire celle qui commence au premier instant de l'Ere sera dés son premier jour nommée la premiere, celle qui la suivra immediatement sera aussi dés son premier jour nommée la seconde, la suivante sera dés son premier jour nommée la troisiéme, & ainsi de suite autant qu'on voudra ; & si au lieu d'exprimer ces nombres Ordinaux par les mots, premier, second, troisiéme, on veut les exprimer par les caracteres de chifres qui répondent à ces mots ; au lieu d'écrire l'an premier, on écrira l'an 1. au lieu d'écrire l'an deuxiéme, on écrira l'an 2. on écrira de même l'an 3 pour signifier l'an troisiéme, & ainsi du reste ; d'ou il s'enfuit qu'au lieu d'écrire l'an milliéme, on écrira l'an 1000. & que pour l'an mil sept centiéme on écrira l'an 1700. Ainsi à compter par les nombres Ordinaux, l'année 1700 est la mil sept centiéme de nôtre Ere, & non la mil sept cent uniéme ; car la maniere d'exprimer, ne change pas la nature des choses : elle est donc la derniere de la dix-septiéme centaine, & par consequent elle n'est pas la premiere de la dix-huitiéme ; d'où il s'en suit qu'elle n'est pas la premiere du dix-huitiéme siécle, mais la derniere du dix-sept.

En quelque tems que nôtre Ere ait commencé, on peut dire que voilà ce qui arrive à ses années touchant la question presente, si on les compte par les nombres
Ordinaux. Il s'agit presentement de voir
ce qu'il peut en être, à compter par les
nombres Cardinaux.

ARTICLE VI.

Ce qui arrive sur ce sujet aux années de
nôtre Ere en comptant par les nombres
Cardinaux.

TOut ce qui se peut compter, se
peut exprimer par chifres. Si donc
l'on compte les années par les nombres
Cardinaux, la premiere étant du compte,
doit être exprimée, ou par le chifre 1. ou
par quelqu'un des suivans, tels que sont
2. 3. 4. &c. Si elle est exprimée par 1. la
seconde sera exprimée par 2. la troisiéme
par 3. & continuant de cette sorte, la centiéme se trouvera marquée par le chifre
100. la milliéme par le chiffre 1000. enfin la dix-sept centiéme par le chifre 1700.
Donc à compter par les nombres Cardinaux, si la premiere année de l'Ere est
exprimée par 1. l'année nommée 1700. sera
la dix-sept centéme de l'Ere, & par consequent elle sera la derniere de la dix-septiéme centaine, & non pas la premiere
de la dix-huitiéme. D'où il s'ensuit que si
la premiere année de l'Ere est exprimée par
1. l'année nommée 1700 ne sera pas la pre-

miere du dix-huitiéme siecle , mais la derniere du dix-sept.

Encore moins pourra-t-elle être la premiere du dix-huitiéme, si la premiere de l'Ere est exprimée par 2, ou par quelqu'autre chifre suivant. Parce que si par exemple elle est exprimée par 2. la seconde sera exprimée par 3 la troisiéme par 4. la dixiéme par 11. la centiéme par 101. & d'une suite necessaire la dix-sept centiéme par 1701. d'où il s'enfuit aussi que la seize cent quatre-vingt-dix-neuviéme seroit exprimée par les chifres 1700. Donc à compter par les nombres Cardinaux , si vous exprimez la premiere année de l'Ere par le chifre 2. l'année nommée 1700 ne pourra être la premiere du dix-huitiéme siecle, puisqu'en ce cas elle ne seroit pas même la derniere du dix-septiéme, mais l'avant-derniere , à sçavoir la seize cent quatre-vingt-dix-neuviéme. Elle en est encore visiblement plus éloignée, si l'on exprime la premiere de l'Ere par le chifre 3. ou par quelqu'autre suivant. Donc si l'on compte par les nombres Cardinaux , par quelque chifre qu'on exprime la premiere année de l'Ere, l'année 1700 ne peut nullement être la premiere du dix-huitiéme siecle ; d'où il s'enfuit qu'à compter par ces nombres , elle ne peut être que la derniere du dix-septiéme. Voilà ce qui arrive sur ce sujet aux années de l'Ere vulgaire en quelque tems qu'elle ait commencé, ſupoſant que l'on les compte par les nombres Cardinaux.

ARTICLE VII.

Concluſion de ces premiers raiſonnemens.

Toutes les manieres de compter ſe reduiſent à l'une ou à l'autre de ces deux dont nous venons de parler. L'an apellé 1700 ne peut être le premiér du dix-huitiéme ſiecle, ny par l'une ny par l'autre, comme on vient de le montrer. Il ne peut donc l'être nullement, de quelque façon que l'on compte. Or on ne diſpute, que ſçavoir s'il eſt le premier du dix-huit ou le dernier du dix-ſept. Il n'eſt pas l'un, il faut donc neceſſairement qu'il ſoit l'autre. Ainſi c'eſt une choſe inconteſtable que l'an 1700 eſt le dernier du dix-ſeptiéme ſiecle.

SECONDE PARTIE.

Comment il a pû ſe faire que l'on ait douté & que l'on ſe ſoit trompé ſur une choſe ſi claire.

ARTICLE I.

Que la faute en eſt premierement à nôtre langue par une commode & elegante équivoque introduite en ſon uſage.

Aprés cela, il me ſemble que l'on pourroit avoir lieu de parler ainſi : La choſe eſt claire à la verité ; mais plus elle eſt aiſée à voir, plus d'autre côté elle fait peine.

Sa facilité même devient en quelque façon une difficulté nouvelle par celle de concevoir comment tant d'habiles gens ont pû s'y tromper jufqu'à prendre entierement le change. Si ceux à qui cet étonnement peut faire quelque refte d'embaras veulent me donner encore un moment d'attention , une feconde diftinction poura faire évanoüir leur furprife , renverfant en même tems beaucoup de paralogifmes, c'eft à-dire de faux raifonnemens enfantez fur cette matiere , & dont j'ay vû des livres remplis. J'ofe meme avancer qu'elle en tarira peut être la fource , & que non-feulement elle détruira les erreurs qui fe font mult pliées là-deffus , mais qu'elle diffipera tellement les obfcuritez du fujet, qu'à la faveur du jour qu'elle aportera , on ne pourra plus s'y tromper.

Il y a deux façons de s'exprimer en parlant de la fuite des années. Chacune par un mot ou par des chiffres qui répondent à ce mot , marque deux chofes à la fois ; l'une explicitement & directement, l'autre implicitement & d'une maniere indirecte. L'une de ces deux marquant directement & explicitement une fomme d'années , marque en même tems d'une maniere implicite & indirecte une année particuliere : l'autre au contraire marquant directement & explicitement une année particuliere , marque en même tems d'une maniere implicite ,

indirecte & secondaire une somme de plusieurs années. Cecy va s'éclaircir par des
exemples : lors que l'on dit la somme de
cent ans , on marque explicitement & directement une centaine d'années ; mais
dans cette centaine sont touchées implici-
ment d'une maniere couverte & envelopée
la premiere année , la seconde , enfin la
quantiéme il vous plaira dans l'assemblée
totale & sommaire de ces cent ans , car on
ne sauroit exprimer un tout divisé en un
certain nombre déterminé de parties , tel
qu'est la somme de cent , qu'en même tems
on ne signifie implicitement & indirectement en luy chaque partie qui le com-
pose ; voilà pour la premiere maniere. A
l'égard de la seconde ; lors que l'on dit l'an
centiéme on ne marque explicitement &
directement qu'une seule année qui est celle
qu'on nomme centiéme , pendant que d'une
maniere indirecte & implicite on en marque
une centaine à la fois ; parce que l'on ne
peut exprimer directement une partie
aliquote & specifiée d'un tout , telle qu'est
une unité dans une somme donnée , qu'indirectement & implicitement sous le nom
de celle-là on ne désigne le tout dont elle est
partie. Ainsi quoyque ces deux choses se
marquent d'une maniere differente , l'une
directement , l'autre indirectement ; cependant , parce qu'elles se marquent toutes
deux ensemble par le même mot ou par les

mêmes chiffes ; l'esprit humain qui d'ailleurs a tant de peine à distinguer & tant de penchant à confondre, tire encore delà de nouveaux nuages qui ne luy font que trop souvent prendre la partie pour le tout ou le tout pour la partie. C'est pourquoy la raison nous portant à prendre de judicieuses précautions pour nous empêcher de les confondre, nous leur avons assigné dans le langage des noms differens par raport aux nombres. Ainsi pour revenir aux Touts numeriques & en même tems à nôtre sujet ; l'usage naturel de toutes les langues voulant exprimer une somme, soit d'années, soit d'autres choses nombrables, a fait aux nombres une sorte de noms que nous apellons Cardinaux, qui, comme nous avons dit, font un, deux, trois, quatre, &c. Et en même tems pour exprimer quelque unité particuliere d'une somme, comme pour marquer quelque année particuliere dans la suite d'une Ere, il a fait aux nombres une autre sorte de noms que nous apellons Ordinaux, tels que font les mots, premier, second, troisiéme, & ainsi de suite, comme nous l'avons déja expliqué. Voilà les sages précautions qu'a pû prendre l'usage le plus raisonnable pour nous faciliter la distinction des choses que leur extréme liaison auroit pû nous faire confondre ; & son soin judicieux auroit sans doute suffi pour nous garentir de nous y méprendre, comme on a fait fur la queſtion préſente, ſi l'on s'étoit toûjours tenu inviolablement attaché à luy. Mais quelles ſuretez peut-on prendre contre les embûches de l'erreur ? Cet uſage ſincere & juſte a été rejetté en pluſieurs occaſions pour un autre faux & trompeur, mais commode & elegant, qui s'eſt doucement introduit & auquel nôtre langue s'eſt abandonnée. Au lieu de donner aux nombres Ordinaux les noms ſeuls que le bon uſage avoit fait exprés pour eux, afin de les diſtinguer ſoigneuſement des nombres Cardinaux & d'empêcher la confuſion qui s'en pouvoit faire ; nôtre langue a pris plaiſir à leur donner en cent rencontres ceux des nombres Cardinaux. Par là fourniſſant des armes à l'erreur, elle a reduit l'eſprit en certains cas & particulierement en celuy-cy, à ne ſçavoir preſque plus comment faire pour les démêler. Il eſt donc arrivé, cet uſage s'étant gliſſé, que par exemple la dixiéme année de l'Ere s'eſt nommée l'an dix, que l'an premier s'eſt nommé l'an un ; & qu'au lieu de dire l'an ſecond, l'an troiſiéme, l'an quatriéme, on a dit l'an deux, l'an trois, l'an quatre. Pour dire l'an milliéme, on a dit l'an mil, & pour l'an mil ſept centiéme, on a trouvé plus court & plus agreable de dire l'an mil ſept cent. Ainſi les nombres Ordinaux s'étant confondus dans les mots avec les nombres Cardinaux, il ne faut pas s'étoner qu'il ſe ſoit trouvé des efprits dont l'imagination par une conduite qui n'eft que trop ordinaire à cette faculté de l'ame, a fait paffer ce défordre des termes aux chofes mêmes. Delà font venus non feulement les doutes & les embaras qui on caufé la queftion dont il s'agit, mais encore les paralogifmes par lefquels on la foûtient dans un fens contraire au vray : c'eft dequoy l'article fuïvant nous fera voir un exemple.

ARTICLE II.
Premiere forte de paralogifme ou d'erreur caufée par cette équivoque.

AU lieu d'apeller la derniere année du dix-feptiéme fiecle d'un nom de nombre Ordinal la mil fept centiéme année; l'ufage plus favorable à l'oreille, mais plus préjudiciable à la raifon l'ayant nommée dés fon premier jour l'an mil fept cent comme nous l'avons montré, a donné lieu à ceux qui ne vont guere plus loin que leur premiere penfée, de raifonner là-deffus de cette maniere. Puifque dés le premier jour de cette année, ont-ils dit, l'on compte mil fept cent, nous avons donc dés ce premier jour mille fept cens ans non feulement commencez, mais ent'erement écoulez; car quiconque fçait compter jufte, ne dit pas un nombre qu'il ne foit complet. Voila comme ils ont penfé ; & quand au lieu de dire par les noms des nombres Ordinaux l'an mil fept centiéme le fixiéme de Janvier,

un ufage plus commode, mais moins difcret,
nous fait dire l'an mil fept cent le fix Janvier.
Ces mêmes perfonnes difent, on compte
aujourd'huy mil fept cent pour les années &
fix pour les jours ; il s'eft donc écoulé mille
fept cens ans complets & fix jours encore par
deffus. Ainfi ne prenant pas garde qu'en cette
rencontre par un ufage capricieux le nom du
nombre Cardinal eft mis pour celui de l'Ordinal, & ne marque pas directement une
fomme d'années, mais feulement une année
particuliere, à l'occafion de laquelle la fomme n'eft qu'indirectement & implicitement
touchée, ils prennent les chiffres 1700. ou
ce qui eft la même chofe, les mots mil fept
cent, qui en ce cas font le nom de l'année mil
fept centiéme, pour le nom de la fomme de
mille fept cens ans. Par cette méprife grof-
fiere ils font naître les paralogifmes en
foule de la negligence à diftinguer les chofes diverfes liées entre elles par quelque raport, & de la promptitude à faire paffer
dans les chofes la confufion que la langue
met quelque fois dans leurs noms. Voilà
l'erreur que caufe dans cette queftion l'é-
quivoque, par laquelle en cette rencontre
le nombre Cardinal & l'Ordinal font confondus dans les mots.

ARTICLE III.

Seconde erreur mêlée dans cette équivoque.

Cependant cette confufion plus que
fuffifante pour faire éclore fur ce point
une infinité de paralogifmes, n'eftpas l

ſeul inſtrument de leur production , il y entre encore avec elle une autre ſorte d'erreur née d'elle , qui eſt de prendre le terme *dire* pour le mot *compter*. Voicy le raiſonnement de ceux qui ſe trompent là deſſus. Dés le premier jour, diſent-ils, que dans la ſuite des années l'on dit mil ſept cent, on compte mille ſept cens. Or, ajoûtent-ils , il eſt ridicule de dire que l'on compte mille ſeptcens moins, la moitié, par exemple, ou les trois quarts de la derniere année de la ſomme ; puiſque ſi l'on compte mille ſept cens , il faut qu'ils ſoient accomplis, autrement le calcul eſt défectueux. De ce raiſonnement ſans examiner la ſeconde propoſition, la premiere eſt fauſſe ; car de ce que l'on dit mil ſept cent , il ne s'enſuit pas, comme ces Meſſieurs le tranchent ſans ceremonie, que l'on compte mille ſept cens : il y a de la difference entre dire le nom d'un nombre & compter ce nombre. Si l'on ſuppoſe, par exemple, qu'un homme par ſobriquet ou autrement s'apelle quarante-cinq ; lors que l'on dira , parlant de luy , voilà quarante-cinq qui paſſe, on dira bien quarante-cinq , mais on ne comptera pas pour cela quarante - cinq hommes. De même quand on dit , c'eſt aujourd'huy le premier ou le ſecond jour de l'an mil ſept cent , on dit effectivement mil ſept cent ; mais il ne s'enſuit pas de là que l'on compte mille ſept cens ans ; car en cette rencontre mil ſept cent eſt le nom d'une

année particuliere qu'on apelle ainsi , laquelle peut être ou passée ou à venir ou s'é-
couler actuellement quand on la nomme.
Ce nom ne marque expressement que cette
année en particulier, & ne touche qu'implicitement & par raport à elle, comme
nous l'avons déja dit, la somme dont elle
est ; comme on désigne indirectement le
tout, lors que l'on en marque la partie.
Il me semble qu'on voit par là d'une maniere assez sensible, quelles sont les causes
tant du doute que de l'erreur dans un sujet
si clair de luy-même, & comment nôtre
langue en est la source par une équivoque.

ARTICLE IV.

D'où est venue cette sorte d'équivoque
dans une langue circonspecte comme
la nôtre.

IL ne s'agit presque plus pour donner à
cette matiere tout ce qu'elle peut raisonnablement demander , que de sçavoir
d'où est venu àdes gens aussi exacts que nous
l'usage de confondre de cette sorte dans le
langage le nombre Cardinal avec l'Ordinal,
& comment une équivoque si capable de
produire des erreurs a pû entrer dans une
langue circonspecte comme la nôtre. La
cause en est singuliere. C'est de nôtre
grande exactitude qu'est né chez nous ce
défaut. Cette confusion dont les Anciens
plus heureux que nous là dessus ont été
exempts, s'est trouvée dans nôtre maniere

de compter, pour avoir compté mieux qu'eux ; c'eſt le chiffre Arabe beaucoup plus exact, que ny l'Hebreux, ny le Grec, ny le Romain, qui nous a fait faire cette faute. Ce chiffre plus court & plus commode que les manieres anciennes, eſt devenu ſi frequent & ſi uſité parmi nous, que nous avons conformé nôtre langue à l'arrangement de ſes caracteres, au lieu que les Anciens conformoient autant qu'ils pouvoient la diſpoſition de leurs caracteres numeriques à celle de leur langage. De là nous eſt venuë la coûtume de ſubſtituer preſque toûjours ce chifre en la place de nos mots pour nommer les nombres, & d'écrire en caracteres numeriques Arabes, tant dans nos diſcours que dans nos livres de comptes tous les noms de cette nature, non ſeulement ceux des nombres Cardinaux, mais encore ceux des Ordinaux. De cette coûtume eſt arrivé l'inconvenient & la confuſion de l'équivoque dont nous parlons. Car depuis que nous avons pris ainſi l'uſage d'exprimer en chifres Arabes dans nos livres tous nos noms de nombre tant Cardinaux qu'Ordinaux ; qu'a-t-il ſervi à nôtre langue juſte & exacte comme elle eſt, d'avoir pris ſoin de nous donner des noms differens pour les uns & pour les autres ? Nos termes ſont differens ; mais ces chifres ne l'étant point, les mêmes expreſſions en ces caracteres ont ſervi aux nombres Cardinaux & aux

nombres

nombres Ordinaux. Il s'eſt donc fait avec le tems que voyant ces deux ſortes de nombres écrits des mêmes lettres, nous les avons lû de la même façon ; & la maniere de les lire ſelon les nombres Cardinaux , n'a pas manqué de prévaloir comme étant la plus frequente. C'eſt ainſi que premiere-ment ſur le·papier les noms des nombres Cardinaux ont paſſé aux Ordinaux , & que du papier enſuite par la lecture ils ſont entrez dans le langage commun. Enfin l'u-ſage en eſt devenu ſi ordinaire & ſi naturel , que la plûpart des mots par leſquels nous pourrions régulierement dans nôtre langue marquer d'un nom ſpecifique les nombres Ordinaux, nous paroiſſent barbares à nous-mêmes lors que nous voulons nous en ſer-vir, tant nous y ſommes peu accoûtumez, tellement que c'eſt ce qui augmente & fortifie encore l'uſage que nous avons d'em-ployer les noms des uns à nommer les autres. Telle eſt en détail l'origine de l'équivoque dont il s'agit, mere des doutes, des embaras, des paralogiſmes, ſur cette queſtion de la fin du ſiecle. La connoiſſance de leur ſource m'a ſemblé un moyen propre à y remedier , comme celle de la cauſe d'une maladie ſemble utile pour la guerir. Tout gît dans cette équivoque dont j'ay raporté les par-ticularitez. Levez-la , vous ôtez la difficul-té & la queſtion avec elle , queſtion inconnuë aux Anciens, & qui n'a jamais

été agitée que dans ces derniers tems, parce qu'elle eſt née chez nous de l'ambiguité
de nos termes.

ARTICLE V.
Diverſes autres queſtions ſur le modele de
celle de la fin du ſiecle, par leſquelles on
voit d'un coup d'œil la déciſion
de celle-cy

APrés ces éclairciſſemens, s'il ſe trouve
encore des eſprits dans leſquels il puiſſe reſter des tenebres ſur ce ſujet ; je ne voy
point de meilleur moyen pour achever de
les diſſiper, que de leur faire d'autres
queſtions de la nature de celle qui les em-
baraſſe ; afin que par leur raport le jour des
unes ſe communiquant aux autres, porte la
lumiere par tout & ne laiſſe rien d'obſcur.
En voicy quelques-unes que je leur propoſe
pour cela, tracées toutes ſur le même cane-
vas que celle dont il s'agit. Je demande donc
1°. Si Innocent douze (qu'il me ſoit
permis d'employer cette auguſte exemple)
eſt le dernier de la premiere douzaine des
Papes de ce nom, ou bien s'il n'eſt point le
premier de celle qui n'eſt pas encore, mais
qui peut ſuivre : il en eſt d'Innocent XII,
pour l'expreſſion du nombre, comme de
l'année douze, & de l'année douze, comme
de l'année mil ſept cent. Par conſequent
toutes ces choſes peuvent ſe comparer entre
elles par raport à la queſtion preſente
2°. Je demande encore, ſi parlant d'un

mois de trente jours , le jour que l'on nomme le trente est le dernier de ce mois , ou s'il est le premier du suivant.

3°. Si dans un livre le chapitre quinze est le dernier de la premiere quinzaine, ou bien s'il est le premier de la seconde.

4 . Si dans Tite-Live , le livre dix est le dernier de la Decade où il se trouve , ou s'il n'est point le premier de la suivante.

5°. Si dans un traité , l'article cent est le dernier de la premiere centaine , ou s'il est le premier de la seconde.

6 . Si dans une Lotterie , le numerot mil sept cent est le dernier de la dix-septiéme centaine , ou s'il est le premier de la dix-huitiéme ; enfin si dans nôtre Ere , l'année mil sept cent est la derniere du du dix-septiéme siecle , ou la premiere du dix-huit.

Que nos Philosophes exercent là-dessus leurs profondes meditations. Que sur leurs doutes sçavans l'on s'empresse de faire des gageures ; & que chacun s'interessant dans leurs doctes embaras , on emplisse de dépots les labyrintes confus de leurs reflexions partagées. Dés le premier moment du jour que l'on nomme le trente du mois , diront nos vaillans Antagonistes , puisque l'on compte trente , ne faut-il pas que l'on ait trente jours complets ; & quelle ridiculité ne seroit-ce point de dire trente , si l'on n'en avoit encore que vingt-neuf & un moment du trentiéme? N'en doit-il pas être de même ajoûteront-ils ; pour ce qui regarde les chapitres, les articles, les verſets d'un livre? Dés l'inſtant qu'on dit le dix, le quinze, le cent, n'a-t-on pas chacun de ces nombres tout accompli ? c'eſt-à-dire, dés la premiere ligne, dés le premier mot, dés la premiere ſyllabe de ce chapitre, de cet article, de ce verſet, dés la premiere lettre de ce numerot, n'a-t-on pas ce nombre entierement fait ? Et par conſequent le trente du mois, le chapitre quinze, le livre dix, l'article cent, le numerot dix-ſept cent, l'année mil ſept cent, ne ſont-ils pas, l'un le premier jour du mois ſuivant, l'autre le premier chapitre de la ſeconde quinzaine, le premier livre de la Decade ſuivante, le premier article de la ſeconde centaine, le premier numerot de la dix-huitiéme centaine, la premiere année du dix-huitiéme ſiecle ? Grands ornemens du Lycée, ſont-ce-là les fruits heureux de vôtre admirable Dialectique ? Sur des ſub-tilitez pareilles ce n'eſt pas Oedipe, c'eſt Dave que je veux vous oppoſer, ou pour m'en tenir à nos Proverbes, je ne veux pour vous répondre, que le valet du Curé,

TROISIEME PARTIE.

Diverses refutations des mauvais raisonnemens sur cette question.

ARTICLE I.
Premiere réfutation.

FAut-il que je repete encore la premiere erreur de nos adversaires, qui consiste en ce raisonnement? Dés que l'on dit mil sept cent, on a mille sept cens ans faits ; on les a donc dés le premier jour de l'an 1700 ; ainsi toute l'année mil sept cent est du dix-huitiéme siecle. Voilà le paralogisme fondamental de leur opinion & leur premier achopement, cause principale de toutes leurs diverses chutes consecutives, & voicy qui pourroit les retenir s'ils vouloient être attentifs.

Si dés le commencement de l'an mil sept cent on avoit, comme ces Messieurs le prétendent, mille sept cens ans entierement écoulez, on pourroit dés le premier instant de l'an mil sept cent dire, nous sommes après mille sept cens ; car dans la suite des tems on se trouve après le tems qui est passé. Or si quelqu'un au commencement de l'an mil sept cent disoit ou écrivoit, nous sommes après mille sept cens, qui est-ce qui ne croiroit pas qu'il auroit perdu l'esprit? Tant que l'an mil sept cent dure, l'usage n'est pas de dire, nous sommes après mille sept cens, mais on dit, nous sommes en

mil sept cent, c'est-à-dire, nous sommes dans
l'année qu'on appelle mil sept cent. Par
conséquent commençant cette année-là, on
ne compte pas mille sept cens ans accomplis, mais seulement commencez: on court
l'an mil sept centiéme, & cela est si vray, que
dés que cette année est finie, & que l'on a
fait le premier pas dans mil sept cent un,
l'on peut dire avec toute seureté, sans que
l'on y trouve à redire, nous sommes apiés
mille sept cens, parce que la mil sept centiéme année est passée & que l'on commence alors d'avoir mille sept cens ans faits.
De sorte que l'an mil sept cent, comme on a
déja montré, n'est point le premier du dix-
huitiéme siecle, mais le dernier du dix-sept.

ARTICLE II.

Refutation d'une instance.

EN voilà plus qu'il n'en faut pour sa-
tisfaire là-dessus les personnes raison-
nables ; mais les esprits obstinez ne
quittent pas prise pour cela , on s'empresse
d'apuyer un paralogisme par un autre, &
l'on tâche d'étayer du moins par des paritez
les ruines d'un mauvais raisonnement. Il
en est, ajoûtera-t-on , du compte des années à l'égard des siecles , comme de celuy
des années à l'égard de l'âge d'un homme ,
ou de celuy des heures à l'égard des jours.
Or dés que l'on dit , par exemple , qu'un
homme a vingt ans , il doit avoir vingt
ans non seulement commencez, mais a-

chevez; & dés que l'on dit, il eſt ſept heures,
on a ſept heures non ſeulement commencées
mais completes. De même , lors que l'on
dit mil ſept cent, on doit avoir mille ſept
cens ans, non ſeulement commencez, mais
accomplis. Autre paralogiſme auſſi gros
que le premier. La diſparité conſiſte en ce
que dans notre maniere ordinaire de compter les heures ou les années de l'âge , nous
ne comptons nullement par les nombres
Ordinaux, nous n'en marquons point directement & explicitement une en particulier, ſi ce n'eſt la premiere ; encore, quand
nous diſons , il eſt une heure , ou qu'un enfant a un an , nous ne marquons point cette
premiere heure ny cette premiere année
comme s'ecoulant actuellement , mais comme écoulée. A l'égard des autres nous en
marquons toûjours directement & explicitement une ſomme tout à la fois , & cela
par le nom de quelque nombre Cardinal,
non pas pris pour ordinal comme à l'égard
des années de l'Ere , mais ſimplement pour
Cardinal, c'eſt-à-dire marquant d'une maniere directe , non pas une ſeule heure en
particulier ou une ſeule année de l'âge, mais
pluſieurs enſemble. Au contraire pour ce
qui regarde les années de l'Ere , nous les
nommons ordinairement chacune en particulier , par un nom à la verité de nombre
Cardinal, comme nous avons déja dit , mais
qui en ce cas tient la place & fait la fonction

A iiij

d'un nombre Ordinal. L'évidence de cette disparité est parfaite, & se trouve même toute entiere dans la construction de nos termes; car lors que nous disons, il est trois heures ou cet enfant a trois ans, nous parlons en pluriel, & nous écrivons heures & ans avec une s à la fin, parceque nôtre dessein direct est de marquer trois heures qui se sont passées depuis midy ou minuit, ou de marquer trois ans écoulés depuis le commencement de l'âge ; il n'en est pas de même quand on dit, il est l'an mil sept cent, alors nous parlons en singulier, nous écrivons an sans s, & nous y joignons l'article du singulier, parceque nôtre dessein est de ne marquer qu'une année, qui est la mil sept centiême. On me répondra peut être que quand nous disons, quelle heure est-il, nous écrivons heure sans s, & que par conséquent nous parlons en singulier. Il est vray, nous parlons en singulier dans cette demande, mais c'est par un tour admirable de nôtre langue qui fait en cette rencontre la demande par le singulier & la réponse par le pluriel. Elle est fondée en cela sur une raison tres-juste, qui seroit même fort jolie à raporter, si elle n'étoit pas icy un peu hors d'œuvre, & ne nous détournoit pas un peu trop de nôtre sujet. Quoiqu'il en soit, lors que l'on demande en singulier quelle heure il est, & que l'on répond en pluriel, il est trois heures, c'est comme si l'on disoit, trois heures sont ; or trois heures ne peuvent pas être toutes trois presentes à la fois ; car le tems present ne peut pas être tout à la fois trois parties du tems, mais seulement une, sçavoir un in-stant à prendre la chose à la rigeur, ou bien un an, un mois, un jour, une heure, à prendre la chose, comme l'on dit, largement. Par consequent ; lors que l'on dit il est trois heures, on doit entendre trois heures passées; mais lors que nous disons l'an mil sept cent, comme nous parlons en singulier, nous ne designons dans le tems qu'une seule partie, qui est une année, que nous pouvons regarder comme presente prenant la chose largement ; & non seulement nous le pou-vons, mais nous le faisons ; puisque mar-quant le jour du mois & de l'an, on dit fort bien, par exemple, le premier de Juin de la presente année mil six cens quatre-vingt dix-neuf ; on ne pourroit pas dire presente, si l'on parloit en pluriel. Ainsi, lors que nous disons il est l'an mil sept cent, nous n'entendons point qu'il est mille sept cens ans écoulez, comme nous entendons qu'il est trois heures écoulées, lors que nous di-sons, il est trois heures, ou comme nous en-tendons qu'un enfant a trois ans passez, quand nous disons, il a trois ans ; mais nous marquons seulement qu'il est une certaine année presente qui s'écoule, qu'on appelle l'an mil sept cent parce qu'elle est la milsept centiéme de l'Ere & par consequent la centiéme, ou, ce qui est la même chose, la derniere de la dix-septiéme centaine, c'est-à-dire, du dix-septiéme siecle, qui se trouvera complet lors qu'elle sera finie.

ARTICLE III.

Autre refutation de cette même instance.

LE mot heure est équivoque, il est pris quelquefois pour le terme précis d'une vingt-quatriéme partie du jour naturel, c'est-à-dire, pour le point mathematique qui termine cette partie; alors son application est exacte & naturelle, car il vient, ou plûtost il est l'origine du mot grec ὡρίζειν, qui signifie terminer: quelque fois aussi il est pris pour l'espace compris depuis le commencement de cette partie jusqu'à son terme: alors sa signification tire un peu sur l'abusif; & quand on l'emploie de cette sorte, souvent on y joint le mot d'espace, de durée, ou quelqu'autre de cette nature. Hors de là le mot d'heure est proprement pris pour le terme de l'espace; & quand on dit il est trois heures précises, c'est comme si l'on disoit il est trois termes précis, à sçavoir les termes de trois vingt-quatriémes parties de la durée d'un jour naturel; c'est pourquoy l'on marque par là que ces trois vingt-quatriémes parties sont entierement écoulées, puisque leurs trois termes précis, qui sont trois points indivisibles sont passez; mais le mot d'an ou d'année ne signifie jamais le terme précis d'une durée , car le terme precis d'une durée eſt un point indiviſible , au lieu qu'un an eſt une durée même qui renferme une infinité de points. Lors donc que l'on dit il eſt l'an mil ſept cent on ne peut marquer par là que l'on ait le terme précis de mille ſept cens ans complets ; puiſque ce terme n'a point de parties, & que l'année dont on parle en a une infinité ; s'il y a donc quelque rencontre & quelque vûë dans laquelle on puiſſe regarder un an comme le terme & la fin de l'étenduë d'un ſiécle, ce n'eſt point d'une façon préciſe, c'eſt à prendre les choſes, comme j'ay dit, largement. Alors le terme eſt regardé non pas comme la fin exacte & veritable, ou le point final & mathematique de la choſe diviſée , mais comme une partie même de cette choſe à ſçavoir la derniere. C'eſt une fin qui a elle-même un commencement, un milieu & une fin , & qui fait partie de la choſe même dont elle eſt le terme. Ainſi dés que l'on commence l'an mil ſept cent , on a, pour ainſi dire, le commencement de la fin largement priſe, c'eſt à dire le commencement de la derniere partie de mille ſept cens ans, laquelle en eſt la derniere année, & par conſequent la derniere du dix-ſept éme ſiécle , & non pas la premiere du dix-huit.

ARTICLE IV.

Refutation d'un autre eſpece de paralogiſme.

LEs paralogiſmes que nous venons de raporter, ſe tiennent au moins dans les

bornes de l'étenduë difcrette, qui eft celle
dont il s'agit en ce lieu ; mais en voicy unr
qui gauchiffant davantage, fe jette plus loin
& fe répand jufque fur la continuë. Il y a
dans la nature, comme l'on fçait, de deux
fortes d'étenduë ; l'une dont toutes les parties fubfiftent enfemble, & fe peuvent prendre tout à la fois, telle eft toute forte de
matiere, metaux, mineraux, plantes, animaux, élemens ; l'autre dont il eft naturellement impoffible que les parties fubfiftent enfemble, ny même que deux
d'entr'elles fe puiffent voir ou prendre tout
à la fois; de cette efpece, entre autres chofes,
eft ce que nous apellons le tems. La premiere de ces deux fortes d'étenduë s'apelle
continuë, parce que toutes fes parties font
continuellement unies l'une à l'autre fans
aucune féparation effentielle ; & la feconde
s'apelle difcrete du mot latin *difcretus*, qui
fignifie feparé ; parce que fes parties ne
pouvant fubfifter que l'une aprés l'autre,
font effentiellement feparées. Le fophifme
dont je parle icy, confifte à confondre ces
deux fortes d'étenduë, & à raifonner fans
diftinction de l'une comme de l'autre fur
l'endroit même par où elles font differentes.
Voicy quel en eft le tour. On doit, difent
ces Auteurs, juger du nombre des années,
comme, par exemple, d'une fomme de piftoles ou d'un troupeau d'animaux. Si vous
comptez des piftoles, difant une fur la pre-

miere, deux fur la feconde & ainfi de fuite,
il arrivera que vous ne direz pas plûtoft,
cent, que vous aurez la fomme de cent piftoles, non feulement commencée, mais complete : de même fi ce font des beftes comme
font, par exemple, des moutons ; dés
l'inftant que vous direz, cent, vous aurez
une centaine entiere de moutons, & non
pas quatre-vingt dix-neuf avec un morceau
du centiéme. C'eft ainfi, ajoûtent-ils, que
s'agiffant des années, dés que l'on dit mil
fept cent, on a la fomme entiere de mille fept
cens ans, & non pas mille fix cens quatre-
vingt dix-neuf ans avec une partie de l'année mil fept centiéme. On voit l'erreur
d'un pareil raifonnement, fans que l'ar-
tifice de la Logique s'en mêle. Si vous comptez des piftoles, des beftes ou quelqu'-
autres pieces d'étenduë continuë, vous
dites cent dés le moment que vous eftes
parvenu à la derniere, & en même tems
vous avez cette piftole, cette befte ou
cette autre piece dans toute fon étenduë,
car vous la prenez toute entiere tout à la
fois. Il n'en eft pas de même de l'an mil fept
cent. Il eft bien vray, comme à l'égard de la
piftole, que vous dites cent dés l'inftant que
vous le touchez ; mais voicy la difference,
vous n'avez pas dans cet inftant l'année entiere comme la piftole, parce que l'étenduë
de l'année n'eft pas une étenduë continuë
comme celle de la piftole, mais une éten-

duë difcrete dont les parties ne peuvent
fubfifter enfemble, mais feulement les unes
aprés les autres; tellement que dés que vous
touchez à une certaine année fur laquelle
vous dites, cent, parcequ'elle eft la centiéme,
vous n'avez encore qu'un leger moment de
cette année, aprés laquelle il faut qu'il en
paffe un grand nombre d'autres avant
que le dernier foit venu, qui doit rendre en
même tems & l'année dont il s'agit & la
centaine d'années complete : cependant
dés que vous touchez à cette centiéme année, vous ne laiffez pas de dire cent par une
certaine anticipation qu'autorife le raport
& l'analogie de l'étenduë continuë avec
la difcrete ; & vous dites cent tant que
cette année dure , jufqu'à ce que venant
doucement à fon terme l'anticipation dimi-
nuë peu à peu , & enfin vous dites cent
d'une maniere entiere & complete dans
l'inftant feul qui la termine. Et comme cet
inftant eft immediatement fuivi de celuy
qui commence la cent-uniéme année, vous
n'avez pas plûtoft dit cent de cette maniere
complete , que fur le champ vous dites
cent-un par une anticipation femblable à
celle dont je viens de parler & apuyée fur
la même analogie. Le fiecle n'eft donc pas
fini dés que l'on dit mil fept cent, mais dés
que l'on ne le dit plus : car tant que l'on lo
dit, on n'a encore qu'une partie de l'année
mil fept centiéme par laquelle le fiecle finit,

Il en eſt de même de toutes les autres
erreurs, qui ſur ce point peuvent naître de
la comparaiſon confuſe de l'étenduë continuë avec la diſcrete,

ARTICLE V.
Refutation d'une Inſtance.

UN Sophiſte un peu adroit ne manquera
peut-être pas de me répondre que
ma diſtinction de l'étenduë continuë d'a-
vec la diſcrete eſt inutile en cette rencontre, puiſque l'étenduë d'un chemin eſt
continuë; & cependant à l'égard des lieuës
de ce chemin, l'on ne dit point cent dés
que l'on touche à la centiéme, mais ſeulement aprés qu'on l'a entierement par-
couruë; qu'ainſi l'on ne dit point cent dés
que l'on touche à la centiéme, mais ſeulement lors qu'on la finit. A cela ma ré-
partie eſt, que l'étenduë d'un chemin,
quoy qu'elle ſoit continuë, eſt conſiderée
comme une étenduë diſcrete par raport à
celuy qui le parcourt; car pour lors l'ac-
tion ſucceſſive de le parcourir eſt le prin-
cipal objet. Si cela eſt, ajoûtera-t on, le raport n'en eſt que plus grand entre la ſucceſ-
ſion des parties de ce chemin, & celle des
parties d'un ſiecle, & par conſequent il
en eſt d'autant plus clair, que l'on doit
compter les lieuës & les années de la même maniere, & dire cent non pas au commencement de la centiéme, mais à la fin.
A cette inſtance je replique la même cho-

te que j'ay dite à l'égard des heures, ſçavoir que quand on dit cent lieuës, on parle en pluriel, marquant directement & ex-
preſſément une ſomme, & qu'ainſi l'on
compte par un nombre Cardinal qui s'ap-
plique ordinairement à une ſomme entiere & accomplie, même dans l'étenduë diſcrete ; mais qu'à lorſque l'on dit mil ſept
cent, on parle en ſingulier, & par conſé-
quent par un nombre Ordinal, qui lors
qu'il s'agit d'étenduë diſcrete, s'aplique
auſſi bien au commencement qu'à la fin
de la partie ſignifiée.

ARTICLE VI.

*Merveilleux penchant de notre langue à la
juſteſſe de l'expreſſion, & qu'elle décide
elle-même la queſtion preſente.*

Quand je n'aurois point donné d'autre
ſolution à cette queſtion, que celle
de montrer, comme j'ay fait, qu'en
cette rencontre les mots mil ſept cent
ſont mis pour le nom d'un nombre Ordinal, elle ſuffiroit toute ſeule pour décider le Probleme ; car ſi les mots mil ſept
cent tiennent lieu d'un nombre Ordinal,
dire l'an mil ſept cent, c'eſt la même choſe que ſi l'on diſoit l'an mil ſept centiéme,
& par conſequent l'année mil ſept cent eſt
ſans contredit la derniere de la dix ſeptié-
me centaine, ou, ce qui eſt la même choſe, du dix-ſeptiéme ſiecle. Mais outre ce
que j'ay dit là-deſſus, voicy encore ſur ce

ſujet un ſurcroît de preuve digne d'être conſ
ſideré. Comme ſi notre langue plus judi-
cieuſe qu'on ne peut croire, ſe repentoit
d'avoir introduit par une petite liberté
qu'elle s'eſt donnée, une ſorte d'équivoque dans le ſon des mots touchant le compte des années, elle prend par un retour
admirable tant de ſoin de la corriger, que
l'on peut dire qu'elle en vient parfaitement
à bout ſur le point dont il s'agit. Car par
une adreſſe qu'on n'imagineroit pas, des
mots qui font l'équivoque elle ſe fait un
inſtrument pour détruire entierement l'é-
quivoque même, & donner à la queſtion
une clarté parfaite. De ces termes, qui
ſemblent être un nom de nombre Cardinal uſurpé abuſivement pour nom de nombre Ordinal, elle en fait par une ſage difference qu'elle ſçait adroitement & pru-
demment leur donner, un nom propre &
évident de nombre Ordinal, en ſorte qu'-
elle ôte entierement le moyen de s'y méprendre, & démêle tout-à-fait la confuſion qui pourroit y arriver. Voicy ſon ſe-
cret pour cela. Comme il s'agit de diſtinguer deux ſignifications diverſes, l'une de
nombre Cardinal, l'autre de nombre Ordinal, pour le faire elle ſe ſert de deux
ortographes differentes, mais ortographes
ſi bien conçûës, que leur diverſité ſe répand même juſques ſur la prononciation,
qui, ſi elle eſt bien exacte, s'en doit tant

foit peu fentir ; en forte qu'à proprement parler, ce n'eft pas veritablement un même mot que notre langue fait fervir d'une maniere équivoque, ce font deux mots vrayment divers, & qui ne femblent le même que par la faute de ceux qui vont trop vîte, & qui n'ont pas l'attention raifonnable qui doit les faire diftinguer. Lorfque les mots mille fept cens defignent explicitement & directement une fomme d'années, & par conféquent font pris pour un nombre Cardinal, notre langue ordonne qu'on écrive mille par deux *ll* avec un *e* à la fin, comme nous l'écrivons toutes les fois que nous voulons marquer expreffément dix centaines. Elle veut auffi qu'en même tems nous écrivions le mot cent par une *s* finale, comme nous l'écrivons pour fignifier à la fois plufieurs centaines. Mais quand les mots mil fept cent pris pour un nombre Ordinal defignent directement une feule année, comme lors qu'on dit l'an mil fept cent, on écrit mil par une *l* feule fans *e* à la fin, & le mot cent par un *t* final, tellement que comme ce n'eft plus la même fignification, ce n'eft plus auffi le même mot. Je fçay qu'il s'en trouve qui en cette rencontre écrivent le mot cent avec une *s* à la fin ; mais quand ils auroient raifon, cela n'ôte pas la difference du mot mil, qui fuffit pour la diftinction dont je parle. Il femble en cela que notre langue par

une petite saillie de divertissement ait voulu en cette rencontre comme se joüer des
esprits, & que par une équivoque non
pas entiere, mais seulement apparente,
qui ne gist que dans une imparfaite res-
semblance du son de deux mots peu divers
à la verité dans la prononciation, mais
plus differens dans l'Écriture, elle ait pris
plaisir à leur tendre un piege, afin de voir
ceux qui seroient assez bons pour donner
dans le paneau, comme plusieurs ont fait.
Ainsi par cette mignardise & cette espece
de jeu, c'est elle proprement qui fait la
question dont il s'agit aujourd'huy, & c'est
elle qui la resoud ; comme si elle avoit
voulu par cette petite ruse éprouver adroitement l'attention & le peu de reflexion de
ceux qui la parlent.

ARTICLE VII.

Adresse de notre langue à se fonder en raison.

SI l'on me demande à present sur quelle raison est fondée, non pas cette distinction d'ortographe qui n'est que trop
raisonnable, & dont la raison vient d'être
dite, mais cette ortographe même ; je ré-
pondray qu'elle a été reglée de la sorte,
parce que comme ces mots, mil sept cent,
sont employez en ce cas à signifier veritablement un nombre Ordinal, nous les
faisons ressembler, autant qu'il nous est
possible, aux noms que ce même nombre
Ordinal a dans la langue Latine d'où est

prise la notre, qui fait ordinairement ses
termes des mots Latins racourcis. Nous
écrivons donc, & même nous pronon-
çons autant qu'il se peut en cette rencontre ces mots, mil sept cent, comme s'ils
étoient chacun la premiére syllabe du mot
Latin qui leur répond dans le nom du nombre Ordinal que nous signifions par là.
Ces mots Latins sont, *annus millesimus septies centesimus*, dont prenant les premieres syllabes, & même selon le genie de
notre langue, y joignant encore la premiere consone de la seconde syllabe quand
cette consone n'est pas doublée, nous faisons ces quatre mots, l'an mil sept cent. Ces
termes, comme on le voit, & comme je
viens de le dire, sont en quelque chose
differens de ceux dont nous nous servons
& qui leur répondent pour marquer les
nombres Cardinaux; & ces derniers, comme nons l'avons dit aussi, s'écrivent &
même se prononcent, autant qu'il se peut,
d'une maniere qui ressemble davantage aux
termes par lesquels les mêmes nombres
Cardinaux s'expriment dans le Latin. On
ajoûtera peut-être que cette expression Latine, *Annus millesimus septies centesimus*,
n'est pas bien naturelle, mais qu'elle semble tournée exprés pour s'accommoder à
nos paroles, & que naturellement au lieu
de, *septies centesimus*, on devroit dire, *septin-
gentesimus*; à quoy nos termes en cette ré-

Contre ne s'accommoderoient pas bien. Je réponds que les Latins avoient encore plusieurs autres manieres de s'exprimer là-dessus, mais que celle que j'ay choisie, étant de la basse latinité, comme il est aisé de le voir par plusieurs exemples, elle est naturelle icy, puisque ce n'est pas du Latin qui se parloit du tems d'Auguste, mais du bas Latin que notre langue est tirée.

ARTICLE VIII.

Refutation d'un Paralogisme pris d'un nombre mal entendu.

DE tous les sophismes que j'ay vûs sur le Probleme dont il s'agit, celuy qui me semble avoir donné à la raison la plus rude atteinte, est celuy d'un Anonyme qui m'est tombé par hazard entre les mains, & qui prétend que les années apellées centiémes par les Papes ou par les autres Auteurs Latins, n'ont pas été les dernieres, mais les premieres des siecles, qu'ainsi celle que nous chifrons aujourd'huy par 1699, ce qui, comme il l'avouë, est la même chose que de l'apeller la mil six cent quatre-vingt-dix-neuviéme, est la derniere de la centaine, c'est-à-dire la centiéme du siecle. Il est vray, ajoûte-t-il, qu'il peut paroître surprenant d'entendre dire que l'on chifre 1699 pour marquer une année centiéme : (il a raison de convenir que la chose est surprenante) mais, dit-il, l'exemple que j'ay à produire, donne un nouvel éclair-

cissement à la difficulté, & peut servir de
réponse juste, pourveu qu'on ne se pré-
vienne point. Aprés cela il continuë de
» cette sorte. On objecte que nous com-
» ptons & que nous chifrons 1699 ; de là on
» veut conclure que nous ne sommes effe-
» ctivement que dans l'an mil six cent qua-
» tre-vingt-dix-neuf : & moy je dis, nous
» chifrons pour le siecle 1600. Il faut donc
» conclure par la même raison, que nous
» sommes dans le seiziéme siecle de l'Egli-
» se. Cependant j'en apelle à témoin tous
» les sçavans Chronologistes ; il n'y en a pas
» un qui n'avouë que nous sommes dans le
» dix-septiéme depuis l'an mil six cent, &
» que ce dix-septiéme sera achevé des que
» nous compterons 1700. Donc il faut rai-
» sonner de même de l'année courante. Quoy
» que nous chifrions 1699, c'est la centiéme
qui court. Voilà les paroles de cet Ecri-
vain. C'est ainsi qu'il s'explique, si l'on peut
appeller cela s'expliquer : car à moins d'en
deviner une partie, qui entendra cette
expression, *Nous chifrons pour le siecle* 1600?
mais je veux qu'elle soit intelligible, que
peut-on attendre d'un homme qui mêle
dans ses raisonnemens des paralogismes
de cette espece ? Peut-il seulement tom-
ber à quelqu'un dans la pensée, que mil
six cent soit le nom d'un siecle ? Peut-on
avoir des yeux, & ne voir pas que ce
nombre est le nom d'une seule année,

Sçavoir de celle qui s'eſt trouvée la derniere de la ſeiziéme centaine, ou, ce qui
eſt la même choſe, de celle qui a fini le
ſeiziéme ſiecle. Si mil ſix cent étoit le nom
d'un ſiecle, il marqueroit le ſiecle mil ſix
centiéme, car c'eſt la ſignification des mots.
Or ce ſiecle, pour parler comme le Pro-
verbe, eſt encore dans les idées de Pla-
ton : il n'a jamais paſſé de là juſqu'à l'e-
xiſtence, & n'eſt point encore tombé ſous
les ſens de qui que ce ſoit. Il s'en faut plus
de mille cinq cens cinquante-deux mille
ans qu'il n'ait été dans le monde. Comment donc cet habile homme a t-il fait
pour le trouver dans notre Ere ? Chaque
ſiecle de l'Ere Chrétienne a ſon nom &
dans le chifre & dans le langage. Celuy que
nous courons preſentement, s'apelle le
ſiecle 17, ou le ſiecle dix-ſeptiéme, & non
pas le ſiecle 1600 ou mil ſix centiéme,
comme ce Chronologiſte a voulu le per-
ſuader. On n'a jamais encore chifré 1600,
ny on n'a jamais dit mil ſix centiéme pour
marquer l'étenduë d'un ſiecle, mais ſeulement pour en marquer une année que j'a-
pelle la derniere du ſiecle ſeiziéme. Lors
donc que cet Auteur nous dit que nous
écrivons 1600 pour le ſiecle, il tient en
proſe un langage ſemblable au langage
des Poëtes, qui dans leurs vers prennent
quelquefois une tres-petite partie pour
le tout. Nous chifrons 1600 pour marquer

la fin, c'est dire la derniere année du seiziéme siecle ; mais pour marquer le siecle même, nous disons seiziéme, & nous
chifrons 16. Nous chifrons ensuite 1601,
1602, 1603, &c. pour marquer chacune des
années qui se sont écoulées depuis, & qui
ont fait une partie du siecle où nous sommes. Mais pour marquer ce siecle même,
nous ne chifrons ny 1601, ny 1602, ny aucune somme où 1600 se puisse trouver ;
nous chifrons précisément 17, & nous l'a-
pellons le dix-septiéme siecle, parce que
des années de notre Ere c'est la dix-septiéme centaine commencée, ou le dix-septiéme siecle commencé, lequel s'acheve
actuellement. L'Anonyme dont je parle,
n'auroit pas fait cette faute, s'il s'étoit
écouté luy-même, & qu'il eût pris soin de
s'accorder avec luy ; car il se seroit aper-
çû, que lorsque par l'envie de soûtenir
une mauvaise opinion il a donné à un siecle le nom d'une de ses années, en même
tems l'instinct naturel luy a fait rendre,
sans y penser, ce nom à une année seule
qu'il apelle l'an mil six cent, comme on le
peut voir sur la fin du peu de lignes que je
viens de citer de luy.

ARTICLE IX.

*Refutation d'un paralogisme né d'une mau-
vaise interpretation de l'Ecriture sainte.*

APrés cela ne trouvant plus dans le
sujet même de quoy se méprendre sur
cette

cette queſtion, il y en a qui vont chercher juſques dans l'Ecriture ſainte des moyens de ſe tromper plus induſtrieux à ſuivre l'erreur qu'on ne ſeroit à l'éviter. Comme tout contribue à incommoder un mauvais temperament, tout devient une ſource d'illuſion pour un eſprit diſpoſé à cet état. Ils employent à leur deſſein deux verſets de la Geneſe, l'un où il eſt dit que Noé avoit ſix cens ans, lorſque les eaux couvrirent toute la terre, l'autre où cet avenement eſt aſſigné au commencement de la ſixcentiéme année de ce Patriarche; ſur quoy voicy le raiſonnement qu'ils font. Quand les eaux couvrirent la terre, Noé ſelon l'Ecriture avoit ſix cens ans, mais alors ſelon la même Ecriture il étoit encore au commencement de l'année ſix cent de ſon âge. Ainſi dés le commencement de l'année ſix cent de ſon âge il avoit ſelon l'Ecriture ſix cens ans faits. Enſuite ils tirent de là par une concluſion de parité, que dés le commencement de l'an mil ſept cent de nôtre Ere nous avons mille ſept cens ans accomplis. Leur raiſonnement fondamental eſt vray juſqu'à la derniere ſyllabe, mais cette derniere ſyllabe qui en fait le dernier mot eſt préciſément ce qui le rend faux; car le petit mot, *faits*, qui finit la conſequence, étant juſtement le point de l'affaire, & ne ſe trouvant cependant ny dans l'une ny dans l'autre des premiſſes, il rend le ſyllogiſme essentiellement defectueux, le faisant pecher directement contre les regles du bon raisonnement. Enfin l'Ecriture n'a ny dit ny voulu dire que Noé eût six cens ans faits lors que les eaux se répandirent sur toute la terre, mais six cens ans à quelques mois prés; car ce défaut de quelques mois (sur un si grand âge étant peu de chose en comparaison du reste, n'empêche pas qu'on ne puisse dire avec une verité morale qu'il avoit pour lors six cens ans, comme nous voyons qu'on ne laisse pas de dire un sac de mille francs quoy qu'il y ait quelque sou de moins. On a donc tort de conclure de cette expression de l'Ecriture sainte, que dés le commencement de l'an mil sept cent on doive avoir mille sept cens ans accomplis. Ces façons de parler, qui negligeant un petit reste regardent sur une grande somme une partie commencée comme si elle étoit complete, sont frequentes dans l'Ecriture & dans l'usage civil : c'est ainsi que le Sauveur ayant dit qu'il seroit dans le sein de la terre trois jours & trois nuits n'y fut pas entierement tout ce tems, mais seulement deux nuits entieres, un jour entier & une partie de chacun des deux autres jours, ce qui suffit moralement pour dire trois jours naturels qui sont trois jours & trois nuits. Les Auteurs du raisonnement que je viens de refuter n'ont pas en même tems pris garde que leur propre argument décide

En un mot la question contre eux, car ils
apellent l'an six cent de la vie de Noé celuy
que l'Ecriture sainte apelle l'an six centiéme
de la vie de ce Patriarche, *Anno*, dit elle, *six-
centesimo vitæ Noe*. Si donc l'an six cent est
l'an six centiéme, il est de la sixiéme centaine; car tous ceux qui sçavent compter,
doivent convenir que le centiéme, en quelque nombre que ce soit, est le dernier de la
centaine. Or si l'an six cent est le six centiéme de l'âge, l'an mil sept cent sera donc
dans cette parité le mil sept centiéme de
l'Ere, par conséquent il sera le dernier de
la dix-septiéme centaine, ou, ce qui est la
même chose, le dernier du dix-septiéme
siecle. Ce n'est donc pas se sauver que de
chercher ainsi dans ces passages de l'Ecriture
un subterfuge à une mauvaise opinion, c'est
plûtost courir avec les hommes perdus se
noyer dans le déluge.

ARTICLE X.

*Refutation d'un paralogisme pris d'une coû-
tume Ecclesiastique mal entenduë.*

L'Ignorance de la religion parmi le
peuple, & le peu de connoissance qu'ils
ont des raisons de l'Eglise dans ses saints
usages, sert encore de fondement à un
raisonnement absurde que font la pluspart
sur la fin du siecle.

Le Jubilé, disent ils, commence le siecle,
& s'ouvre l'an mil sept cent; il est donc
vray que l'an mil sept cent est le com-

mencement, & par conſequent la premiere
année du dix-huitiéme ſiécle. Mais en quelle Faculté ont étudié ces Docteurs ? Eſt-ce
l'Alcoran ou l'Ecriture ſainte qu'ils liſent?
Où peuvent-ils avoir apris que le Jubilé qui
eſt l'imitation du Sabath, un repos, une in-
dulgence, tant pour recompenſer les bon-
nes œuvres paſſées que pour remettre &
pardonner les mauvaiſes, ne regarde qu'un
tems avenir ? En quel Tribunal ont-ils
vû aprouver & continuer l'uſage de donner
par avance le pardon des fautes futures & la
remiſſion des dettes que l'on n'a point
contractées? C'eſt, ce me ſemble, aller chercher un peu loin matiere aux Indulgences
que d'enviſager pour cela des tems qui
n'ont pas encore été; & ce ſeroit, à mon
ſens, pardonner un peu hors d'œuvre, que
de nous pardonner des crimes que nous
n'avons pas commis. Quelle idée que de
vouloir effacer ce qui n'eſt point ? Au lieu
de nous faire grace ſur les fautes que nous
pourrions faire un jour, nous en avons
tant de toutes faites qui preſſent plus que
celles-là. C'eſt pour le paſſé que le preſent
demande pardon, & c'eſt pour le paſſé qu'on
le donne, parce que c'eſt le paſſé qui me-
rite le châtiment. Une choſe pourroit avoir
contribué à tromper là-deſſus ceux qui ſont
de l'avis contraire : c'eſt qu'en France le Jubilé peut en effet commencer le ſiecle, mais
cela vient de ce que nous ne l'avons qu'a-

près Rome. Or il ne s'agit point du tems qu'il commence chez nous, mais de celuy où la premiere ouverture s'en fait, c'est-à-dire de l'année sainte qui sera pour cette fois l'année mil sept cent, & sur ce pied le Jubilé finit le siécle. Plusieurs ont raporté là-dessus grand nombre de faits & de citations, la plûpart aussi ennuyeuses qu'inutiles, ou qui ne peuvent servir au plus qu'à une ostentation assez frivole ; mais sans aller chercher tant d'histoires, il n'y a qu'un mot qui porte. Boniface VIII institua le Jubilé dans l'Eglise, une année centiéme, ou, pour mieux dire, l'année mil trois centiéme de nôtre Ere , c'est ainsi qu'il la nomme, & que chacun la nommoit pour lors, cela se peut voir dans les Originaux où je renvoie le lecteur. En même tems il ordonna que le Jubilé se renouvelleroit chaque centiéme année. Or , comme on a déja dit, la centieme année pour ceux qui sçavent compter jusqu'à cent, est sans doute la derniere de la centaine , c'est-à-dire du siecle , dont par consequent, sans contre dit elle n'est pas la premiere.

On repliquera sans doute que le Jubilé est donné non seulement pour pardonner les fautes du siecle passé, mais encore pour nous disposer à bien commencer le siecle suivant. J'en conviens ; mais au lieu de tirer de là une preuve comme font certains Auteurs, qu'il doit nous être donné la premiere année du siecle : c'est de là même que je conclus précisément le contraire. Parce que pour bien commencer le siecle, il faut le commencer dans la pureté & dans la grace de Jesus-Christ : il faut donc que le Jubilé nous ait déja purifiés avant que de le commencer ; par conséquent il faut qu'il en ait precedé le commencement ; car si le Jubilé ne commençoit qu'avec le siecle, il n'auroit pas eu le tems de nous nettoyer avant que de le commencer : ainsi nous le commencerions dans nos ordures, ce qui seroit sans doute une entrée peu sainte & une mauvaise disposition à ce tems nouveau. Il est donc évident que le Jubilé doit être donné la derniere année du siecle, tant pour effacer les fautes dont ce siecle s'est souillé & nous le faire finir dans la grace & dans la misericorde, que pour nous faire en même tems par cette preparation commencer dans l'innocence & dans la justice un siecle nouveau, qui puisse être comblé des graces & des bontez du Seigneur.

Je ne crois pas que l'on puisse raisonnablement en desirer davantage sur ce sujet. Ce seroit peut-être au goût de quelquespersonnes une chose qui sembleroit agreable, que de voir icy refuter tous les faux raisonnemens, ou du moins l'élite des paralogismes qui ont été faits sur cette matiere, & dont je n'ay mis en ce lieu qu'une partie fort legere en comparaison du reste. Ce feroit peut-être aussi une chose ennnyeuse à plusieurs autres. Ce qu'il y a de certain, c'est que l'on courroit risque de déplaire du moins à ceux qui les ont faits. C'est pourquoy voyant d'ailleurs la question assez éclaircie par tout ce qui vient d'être dit, je crois qu'il est inutile de faire un plus long discours sur un si petit sujet.

Vous, Monsieur, dont la penetration judicieuse n'avoit pas besoin de cet Ecrit pour en découvrir le fond, & dont la patience n'aura peut-être été que trop fatiguée, agréez pour le public le soin que j'ay pris de déveloper ce Problême qui sembloit l'embarasser, & pour vous, Monsieur, le zele & le tres-profond respect avec lequel j'ay l'honneur de vous consacrer ce travail.

Permis d'imprimer. Fait ce 19. May 1699.
M. R. DE VOYER D'ARGENSON.

9 782014 456615